BEI GRIN MACHT SICH IHR WISSEN BEZAHLT

- Wir veröffentlichen Ihre Hausarbeit, Bachelor- und Masterarbeit

- Ihr eigenes eBook und Buch - weltweit in allen wichtigen Shops

- Verdienen Sie an jedem Verkauf

Jetzt bei www.GRIN.com hochladen und kostenlos publizieren

Julia Frei

Regionalentwicklung und Regionalförderung in der Baltischen Staatengruppe

GRIN Verlag

Impressum:

Copyright © 2009 GRIN Verlag GmbH
Druck und Bindung: Books on Demand GmbH, Norderstedt Germany
ISBN: 978-3-656-88267-1

Dieses Buch bei GRIN:

http://www.grin.com/de/e-book/288078/regionalentwicklung-und-regionalfoerde-
rung-in-der-baltischen-staatengruppe

Regionalentwicklung und Regionalförderung in der Baltischen Staatengruppe

Seminararbeit

Wirtschaftsgeographie

Inhaltsverzeichnis

Einleitung

Der Prozess, ein Land in ein neues politisches System einzubinden, ist sehr langwierig. Dies ist nicht nur eine Frage der Finanzen, die dem Land für die Umstellung zur Verfügung stehen, sondern es ist auch eine Frage der Generationen, die in diesem System aufwächst.

Nach dem Untergang der Sowjetunion stand die Europäische Union vor der Aufgabe sich gegenüber den neuen Oststaaten zu öffnen, um ihnen den Weg in die Demokratie und in die Marktwirtschaft zu erleichtern.

Seit dem Krieg zwischen Georgien und Russland im Sommer 2008 zeigte sich eine Urangst „ von Russland wieder geschluckt zu werden" auch in den anderen ehemaligen sowjetischen Gebieten, wie Litauen, Lettland und Estland.

Die baltischen Staaten wurden im Jahr 2004 Mitgliederstaaten der EU. Man nennt sie auch den „Tiger" des Baltikums und spielt damit auf ihren schnellen wirtschaftlichen Fortschritt in den letzten Jahren an.

Doch diese rasante Entwicklung der Länder konnte nur möglich sein, wenn man dafür die Vernachlässigung anderer politischen Gebiete in Kauf nimmt. Zu diesen Gebieten gehörte unter anderem auch die Regionalentwicklung.

In dieser Arbeit soll dargestellt werden, welchen Weg die Regionalentwicklung in den baltischen Ländern bis heute gehen musste. Mit welchen Problemen hat sie zu kämpfen? - Wie ist sie politisch von den Ländern organisiert und welche Möglichkeiten können zukünftig dabei helfen, die regionalen Entwicklungsziele durchzusetzen?

1. Der Begriff „Regionalentwicklung"

Die Regionalentwicklung besteht aus Konzepten, die nach veränderten Rahmenbedingungen im Staat, Kommune, Wirtschaft und Gesellschaft die aktiv und nachhaltig auf die notwendigen Veränderungen reagieren.[1] Durch die komplexen Anforderungen an Gemeinden, Städte und Landkreise gehören heute kommunale Aufgaben nicht mehr im Alleingang bewältig sondern auf regionaler und interkommunaler Ebene. Es gilt langfristig die Lebensqualität zu steigern, indem Förderprogramme für Bildung, Infrastruktur, Ökologie, Ökonomie und Administration in der Region entwickelt werden. Um diesen Prozess nachhaltig zu sichern muss ein Netzwerk innerhalb der Akteure erschaffen und gestärkt werden.

2. Geschichtlicher Hintergrund der Probleme in den baltischen Regionen

Für veränderte Rahmenbedingungen sorgten in der baltischen Staatengruppe 1991 der Zusammenbruch der Sowjetunion und die wiedererlangte Souveränität. Der Wechsel des politischen Systems von Planwirtschaft zur Marktwirtschaft ist ein langwieriger Prozess. In den Hauptstädten von Litauen, Lettland und Estland ist dieser Wechsel bis heute sichtbar gelungen. Vergleicht man jedoch die Regionen in der baltischen Staatengruppe so stößt man auf große Disparitäten.

Sicher kann man Litauen, Lettland und Estland nicht immer zusammen in einen „Topf werfen", was die Problematiken in den Regionen betrifft, jedoch haben alle seit 1991 eine sehr ähnliche Ausgangslage:

Durch Landflucht, Migration und Altern der Bevölkerung verändern sich die Bevölkerungsstrukturen und die Bevölkerungsdichte. Dennoch sollte auch erwähnt sein, dass die Bevölkerungsstruktur auch schon erzwungener Maßen in der Sowjetzeit durch Abtransporte der baltischen Bevölkerung und durch Immigration russischer Arbeiter gestört wurde.

---

[1] Daunora J., Juskeviscius P.: Planungsrundschau Nr.11, Cottbus (2005), S.109

Map 1: Population change in Estonian rural communes (%) 1989-2000
according to census data (ESA 2001)

Karta 1: Prebivalstvene spremembe v estonskih podeželjskih skupnostih
1989-2000 (po podatkih popisa 2001).

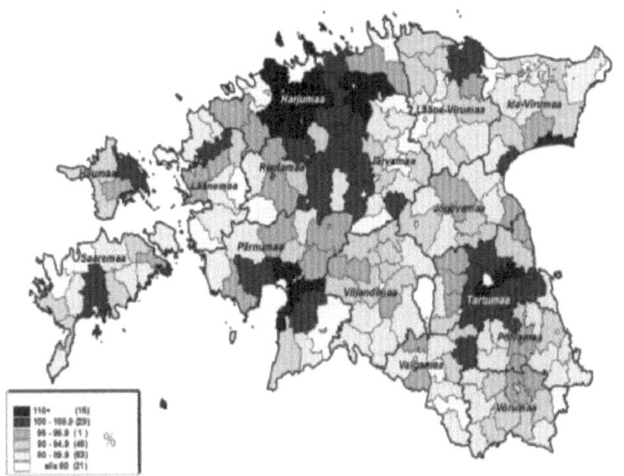

Abb.1; *Auf dieser Grafik kann man gut erkennen, dass im Zeitraum von1989 bis 2000 die Bevölkerung Estlands aus den ländlichen Regionen in die Nähe von den größten Städten wie Tallin und Tartu gewamdert ist. (Quelle: Ragmaa, 2003, Tartu)*

Die ungleiche wirtschaftliche Entwicklung: Industrielle Wirtschaftszweige brachen nach 1991 ein und hinterließen viele leer stehende Plattenbauwohnsiedlungen. Der landwirtschaftliche Zweig spielte zu Sowjetzeiten in den ländlichen Regionen eine große Rolle. Die Produktionsschwerpunkte in der damals kollektiven Landwirtschaft lagen bei Milch, Fleisch und Getreide. Bis heute hat sich der ländliche Raum von der existenziellen Krise nach dem Zusammenbruch der Sowjetunion nicht erholt.

Dies liegt aber auch an der schleppenden Boden- und Eigentumsreform. Der Transformationsprozess die Privatisierung des Agrarsektors gestaltet sich schwierig.[2] Zum einen liegt dies an der Rechtssicherheit über das Bodeneigentum, zum andern können meist Besitznachweise, die vor der Sowjetzeit bestanden, nur unvollständig

---

[2] Knappe et al.: 2004, S. 57

nachgewiesen werden. Das Ergebnis der Bodenreform war eine Zersplitterung der landwirtschaftlichen Fläche und das Entstehen von kleinen Betrieben.[3]

Extreme Umweltschäden, die wohl das schlimmste Erbe aus der Sowjetzeit sind, erschweren das Leben und die Bewirtschaftung des Bodens zusätzlich. Überdüngung, Monokultur und radioaktive Verseuchung sind Gründe, warum auch viele Äcker in den baltischen Staaten heute noch brach liegen.

Die Dezentralisierung der Administration und Wiederherstellung der örtlichen Selbstverwaltung wurde in allen drei Ländern durchgeführt. Da vor der Machtübernahme der Sowjets die Länder auch schon über ein dezentralisiertes Ländersystem verfügte, gestaltet sich die „Einteilung" weniger schwierig. Jedoch überprägte die langjährige zentralistische Regierungsweise der Sowjets die traditionellen und kulturhistorischen Aspekte der einzelnen Regionen.

Lettland: [4]

 2,5 Mio. Ew.

 Gemeinden: 491

 Rayons (Landkreise): 26

 Kulturgeschichtliche Regionen: Kurland/Kurzeme, Livland/Vizeme,

 Semgallen/Zemgale, Lettgallen/Latgale

 Die 7 größten Städte: Riga, Jurmala, Ventpils, Liepaja, Daugavpils, Rezekne,

 Jelgava

Litauen:[5]

 3,5 Mio. Ew.

 Gemeinden: 526

 Landkreise: 60

 Regierungsbezirke: 10

 Die 3 größten Städte: Vilnius, Kaunas und Memel (Klaipeda)

---

[3] Knappe et al.: 2004, S. 57
[4] Melluma.A et al.: Geographische Rundschau (1999), Band 51, Heft Nr. 4, Seite 189
[5] v. Below: Litauens Kommunalordnung, Riga (2004)

Estland:[6]

    1,4 Mio. Ew.

    Gemeinden: 241 (davon sind ca. 200 ländlich)

    Counties (Bezirke): 15

Die Probleme der Kreise und Gemeinden sind in allen baltischen Staaten sehr ähnlich. Durch die Vielzahl von kleinen Gemeinden fehlt es den einzelnen Kommunen oft an Fachpersonal um den selbständigen Funktionen gerecht zu werden.[7]

Das Entwicklungsgefälle zwischen städtischen Kreisen und ländlichen Kreisen sorgt für unausgeglichene Investitionsmaßnahmen. Die Großstädte bieten attraktivere Lebensbedingungen. Vor allem das jüngere Volk, das nach der Schulausbildung die ländlichen Gebiete verlassen, wandert meist in die größeren Städte oder sogar in andere Länder aus um dort bessere Karrierechancen zu bekommen. Daher fließen momentan die meisten kommunalen Gelder zu 40 – 50% in die Bildung und erst danach folgt die Investition in die wirtschaftlichen Tätigkeiten mit ca. 12 – 16%.[8]

3. Strukturen und Institutionen der Regionalpolitik und der Regionalentwicklung in den baltischen Staaten

A) Estland

Im Jahr 1989, vor dem Erhalt der Unabhängigkeit, entwickelte Estland Leitlinien zur Regionalpolitik.[9] Es dauerte einige Jahre bis die Regional- und Kommunalregierung politische Maßnahme für ihr Gebiet ergriffen und ausgeübt wurden. Dazu fokussierte man in erster Linie die Entwicklung von Unternehmen und vernachlässigte andere

---

[6] v. Below: Estlands Städte und Gemeinden blühen wieder auf, Riga (2004) S.2

[7] v. Below: Estlands Städte und Gemeinden blühen wieder auf, Riga (2004) S. 2

[8] v. Below: Estlands Städte und Gemeinden blühen wieder auf, Riga (2004) S.3

[9] Jauhiainen, J.S., Ristkok P.: Development of regional Policy in Estonia:
Webseite: http://www.geo.ut.ee/nbc/paper/jauhiainen.htm

Prioritäten wie die unterentwickelte Infrastruktur oder den Mangel an Dienstleistungsangeboten in den ländlichen Gebieten.[10] Allerdings spielte in dieser Zeit, früh nach der Unabhängigkeit, zu geringe Budgetressourcen eine markante Rolle.

Im Jahr 1994 beschloss man in der Zentralregierung die ersten Leitlinien für die Regionalpolitik. Ein Jahr später verwirklichte man erste regionalspezifische Programme in einem regionalen Entwicklungsprogramm mit sechs Einzelprogrammen: [11]

1. Insel-Programm: für die Verbesserung der Lebensbedingungen, Infrastruktur und der lokalen Bildungsstätten, damit die Bewohner diesen Wohnraum nicht aufgeben müssen

2. Programm für periphere Gebiete: Verbesserung der sozialen und physischen Infrastruktur und des lokalen primären Sektors.

3. Das Entwicklungsprogramm für den ländlichen Raum: Verbesserung lokaler Initiativen und Projekte

4. Das Grenzregionen-Programm: Förderung der Kooperation mit den Nachbarstaaten und den internationalen Handelskontakten

5. Programm für monofunktionale Besiedelung: Wiederaufbau und Neustrukturierung der ehemaligen Industrieorte

6. Das Nord-Ost-Estland Programm: Integrierung der zumeist russischen Immigranten in die estländische Gesellschaft

Weitere 2 Jahre später ordnete man regionalpolitische Aufgaben dem Ministerium für Inneres unter. Dem Wirtschafts-, Landwirtschafts- und Umweltministerium wurden zusätzlich Teilaufgaben im Bezug auf Regionalpolitik erteilt. Um diese Ministerien in ihren Verantwortungsbereichen, die Regionalregierungen und die Kommunen zu koordinieren wurde bald darauf die *„Estonian Regional Development Agency"* (ERDA) gegründet.

Im Zusammenhang mit dem estnischen Mitgliedsantrag bei der Europäische Union, prüfte diese 1997 die Regionalpolitik Estlands und stellte fest, dass finanzielle Mittel und regionalpolitische Initiativen nur schleppend und eingeschränkt vorhanden

---

[10] Jauhiainen, J.S., Ristkok P.: Development of regional Policy in Estonia:
Webseite: http://www.geo.ut.ee/nbc/paper/jauhiainen.htm
[11] Jauhiainen, J.S., Ristkok P.: Development of regional Policy in Estonia:
Webseite: http://www.geo.ut.ee/nbc/paper/jauhiainen.htm

waren. Um Estland auf den Eintritt in die EU vorzubereiten, wurde daraufhin Estland in die europäischen Entwicklungsprogramme INTERREG und PHARE[12] eingebunden.

Zusätzliche zur ERDA gibt es die *„Estonian Regional and Local Agency"* (ERKAS). Die ERKAS entstand durch die Kooperation aus drei anderen Vereinigungen im Jahr 2002: „ The Association of Estonian Cities", „the Union of Local Gouverments in Estonia" und „the Union of Estonian County Municipals".

Die ERKAS agiert als nationaler Projektmanager für die kooperierenden öffentlichen und privaten lokalen Gruppen und Institutionen.[13] 2006 wurde die ERKAS neu strukturiert um den Aufgaben effektiver gerecht zu werden. Dies ist vor allem wichtig, wenn es darum geht auch internationale Unterstützungsprogramme, wie INTERREG oder PHARE besser für private Projekte nützen zu können.

B) Lettland

Lettland richtete 1993 ein *Ministerium für Umweltschutz und regionale Entwicklung* ein, das mit der Aufgabe betraut war, die regionale Entwicklungspolitik auszuarbeiten und zu organisieren.[14] Diesem Ministerium wurde zusätzlich ein Department für Regionalentwicklung untergeordnet, dass im Zuge der Regionalentwicklung in den Bereichen Raumplanung, Bebauungswesen und Tourismus seinen Fokus hatte.

Jedoch verschärften sich die Probleme bis 1994 in den Regionen, so dass man für die regionale Förderung weitere Programme und ein Dokument verabschiedete, das die Raumplanung besser steuern sollte.

Ein Jahr darauf wurden erneut Leitlinien für die regionale Entwicklung festgelegt und darüber hinaus auch Ministerien mit der besonderen Aufgabe, die laufenden regionalpolitischen Programme zu koordinieren, betraut.

Lettlands Regierung verabschiedete im Dezember 1996 erstmals das „Konzept zur regionalen Entwicklungspolitik Lettlands", das Prozesse und Probleme der

---

[12] Erläuterungen zu den einzelnen europäischen Programmen siehe Punkt 5B
[13] Estonian Regional and Local Development Agency (ERKAS):
http://www.erkas.ee/index.php?page=37
[14] State Regional Development Agency of Latvia: www.vraa.gov.lv/uploads/History.doc

Regionalentwicklung im Land beschrieb und zukünftige Aufgaben und Umsetzungsstrategien festlegte.[15]

Im Jahr 1998 wollte man mit Hilfe eines neuen Regionalfonds die Entwicklungsarbeiten beschleunigen, um den bis jetzt wirtschaftlich und sozial vernachlässigten Teil des Landes besser unterstützen zu können.[16]

Erst im Jahr 2003 beschloss man, und damit als einziges Land der baltischen Staatengruppe, für die Brisanz der regionalen Thematiken ein selbständiges Ministerium einzurichten: „ The Ministery of Regional Development and Local Government"[17]

C) Litauen

Litauen hatte anfangs ähnliche Schwierigkeiten, wie Estland und Lettland der Regionalentwicklung neben all den anderen Reformen genügend Aufmerksamkeit zu schenken. Im Jahr 1994 wurde „Law on the Governing of the County"[18] verabschiedet und damit versuchten an auch erstmal durch Dezentralisierung und Verantwortungsübertragung auf die „Counties" den regionalen Ungleichheiten Herr zu werden. Allerdings findet man im Gegensatz zu Lettland und Estland weniger über die Fortschritte im Prozess der politischen Aktion zugunsten der Regionalentwicklung in Litauen. Das litauische Innenministerium, dem die Verantwortung der Regionalentwicklung unterliegt, veröffentlicht auf seiner Internetseite erst Regionalentwicklungspläne ab 2002.

Im Dezember 2002 setzte Litauen ein „Gesetz zur Regionalentwicklung" in Kraft, gefolgt von Regionalentwicklungsprogrammen, die mit einer Planungsdauer bis 2005 vorgesehen waren. Hinzu kamen Projektanfragen der „Counties" und Gemeinden, die vom europäischen Strukturfonds unterstützt werden sollten. Das Innenministerium einigte sich schließlich auf 145 Projekte die in den benachteiligten Gebieten finanziert werden sollten:

---

[15] Melluma.A et al.: Geographische Rundschau (1999), Band 51, Heft Nr. 4, Seite 189
[16] State Regional Development Agency of Latvia: www.vraa.gov.lv/uploads/History.doc
[17] State Regional Development Agency of Latvia: www.vraa.gov.lv/uploads/History.doc
[18] Innenministerium Litauen: http://www.vrm.lt/index.php?id=561&lang=2 (

COUNTY	ALYTAUS	KAUNO	KLAIPÉDOS	MARIJAMPOLÉS	PANEVÉŽIO	ŠIAULIŲ	TAURAGÉS	TELŠIŲ	UTENOS	VILNIAUS	TOTAL
Measure 1.1. Improvement of Accessibility and Service Quality of Transport Infrastructure	3	5	2	4	4	1	3	5	1	5	33
Measure 1.2. Ensuring of Energy Supply Stability, Accessibility and Increased Efficiency	4	7	4	6	8	8	4	3	2	7	53
Measure 1.3. Improvement of Environmental Quality and Prevention of Environmental Damage					2	4			1	4	11
Measure 1.4. Restructuring and Upgrading of Health Care Institutions		1				1				1	3
Measure 1.5. Development of Infrastructure of Labour Market, Education, Vocational Training, Research and Study Institutions and Social Services	1		2		1	1	1		2	1	9
Measure 3. 2. Improvement of Business Environment										1	1
Measure 3.3. Development of Information Services						2		1			3
Measure 3.4. Public tourism infrastructure and services	6	1	5	3	4	1	3	1	4	2	30
Measure 4.4. promoting the Adaptation and Development of Rural Areas	2										2
In total:	16	14	13	13	19	18	11	10	10	21	145

Abb. 2: Tabelle über die 145 unterstützten Projekte Litauens

Quelle: Innenministerium Litauen: http://www.vrm.lt/index.php?id=562&lang=2

In Litauen besteht zwischen den Bürgern und der kommunalen Verwaltungsbehörde ein distanziertes Verhältnis, da in den Gemeinden keinen Bürgervertreter gewählt werden.[19] Hier wurde wie es scheint die rechtsstaatliche Demokratie noch nicht in jeder Instanz konsequent durchgeführt.

Neben den staatlichen Plänen und Institutionen der Regionalentwicklung hat sich seit 1999 eine öffentliche gemeinnützige Unternehmen, die „National Regional

---

[19] v. Below: Litauens Kommunalordnung, Riga (2004)

Development Agency" etabliert. Dieses Beraterunternehmen hat es sich zum Ziel gemacht, bei der regionalen und wirtschaftlichen Entwicklung Litauens mitzuarbeiten um effektiv als EU-Mitglied agieren zu können. [20] Die „National Regional Developent Agency" fungiert als Vermittler zwischen den Eu-Fördermöglichkeiten und den zu förderten Regionen Litauens.

D) Fazit

Maßnahmen, um den unausgeglichenen Verhältnissen in den Regionen der baltischen Staaten entgegen zu wirken, wurden in jedem der drei Länder

erst einige Jahre nach der Unabhängigkeit ernsthaft unternommen. Erst mit der Aussicht auf die Mitgliedschaft in die EU wurden weitgreifende Schritte unternommen. Dies kann man allerdings aber auch darauf zurückführen, dass die baltischen Staaten von eigen Staatshaushalt in der regionalen Entwicklung wenig ausrichten konnte. Die Förderprogramme und Fonds der EU, die schon vor der offiziellen Mitgliedschaft 2004 in Anspruch genommen werden konnten, motivierten die baltischen Staaten strukturierter in diesem Gebiet zu agieren.

4. Ziele, Trends und Zukunftsprognosen der Regionalentwicklung

Für alle baltischen Staaten wird die verminderte Bevölkerungsentwicklung wohl noch für Jahre thematisiert werden. Nach Vorhersagen wird Zum Beispiel in Estland die Bevölkerung bis 2015 im Vergleich zu 2000 um 4-5% sinken. Auf dem ländlichen Gebiet spricht man sogar davon, dass sich die Bevölkerung um ein Drittel vermindern wird.[21] Letzteres ist darauf zurückzuführen, dass ein Landflucht zu Regionen mit erhöhter wirtschaftlicher Attraktivität weiterhin sich fortsetzten wird. Die ländlichen Regionen werden sich mehr und mehr „leeren", was unter anderem auch mit der allgemein sinkenden Bevölkerung und der „alternden" Gesellschaft zu tun hat. Letzteres ist aber auch ein europaweiter Trend.

---

[20] National Regional Development Agency: http://www.nrda.lt/eng/index.htm
[21] Regional Development Department of the Ministry of Internal Affairs of Estonia:
Essay: Regional developemnt Strategy of Estonia 2005-2015:
http://www.siseministeerium.ee/31236, S. 13

Man muss mit einkalkulieren, dass sich die Arbeitsverhältnisse vor allem in den ländlichen Gebieten und damit im primären Sektor in Zukunft nicht verändern bzw. verschlimmern werden. Kleine landwirtschaftliche Betriebe, wie sie zum Beispiel in Latgale (im Osten von Lettland) auftreten, werden immer mehr existentielle bedroht sein. Im sekundären Sektor und im Dienstleistungssektor können ansteigende Tendenzen erwartet werden, jedoch hängt dies in erster Linie von der existierenden Menge der zukünftigen professionellen Facharbeiter ab. Entsprechende schnell zu den ansteigenden Bedürfnissen des Marktes, kann kaum Fachpersonal neu ausgebildet und angelernt werden. Aber junge ausgebildete Fachkräfte ziehen es unter anderem auch vor das Land zu verlassen. Laut einer Studie der Universität Tartu zu dem Thema *„Students as the subject and resource of regional development"* verlässt mehr als die Hälfte der Jugendlichen (vor allem jene die in ländlichen Regionen wohnen) temporär oder für immer die Heimat.[22]

Zukünftig ist das auseinander driften der sozialen Schichten auch in den baltischen Staaten mit Blick auf den Arbeitsmarkt und den Bildungsmöglichkeiten in den ländlichen Regionen ein ernsthaftes Problem.

Die Regionalentwicklung unter dem wirtschaftlichen Aspekt kann sich in Zeiten der Wissensgesellschaft in zwei Richtungen bewegen. Entweder begünstigt die offene und integrative Wirtschaft eher die Vergrößerung von Zentren oder es werden doch Zuwächse außerhalb der Stadtzentren dank der Spezialisierung von Wirtschaftszweigen möglich.[23] Seit dem Beitritt zur EU werden auch die baltischen Staaten traditionelle Firmen an die „Entwicklungsländer" verlieren, um dort günstiger produzieren zu können. Genau so kann aber auch der Beitritt zur EU Investoren aus diesen Gebieten angesprochen werden um ihre Kompanien in den baltischen Staaten zu etablieren.

Im primären Sektor wird eine Veränderung der Landnutzung eintreffen. Die Nachfrage nach geschützten Gebieten nimmt parallel zum Wellness- und

---

[22] Regional Development Department of the Ministry of Internal Affairs of Estonia: Essay: Regional developemnt Strategy of Estonia 2005-2015: http://www.siseministeerium.ee/31236, S. 15

[23] Regional Development Department of the Ministry of Internal Affairs of Estonia: Essay: Regional developemnt Strategy of Estonia 2005-2015: http://www.siseministeerium.ee/31236, S. 15

Erholungstourismus stetig zu, was aber für die ländlichen Gebiete ökonomisch nur vermutlich von Vorteil sein kann.

Wichtige Ziele kurz zusammengefasst:

- Verringerung des Wohlstandsgefälles: Ausgleich im Entwicklungsprozess
- Beibehaltung der Vielfalt und Besonderheiten einzelner Landesteile
- Wirtschaftlicher Wachstum im Einklang mit Natur und Kulturerbe
- Erneuerung der kleinen Städte und Dörfer
- Ökologische Stabilisierung
- Sicherung der Lebensverhältnisse
- Ausgeglichene Besiedelungsdichte
- Nachhaltige Entwicklung und nationale Souveränität
- Ausgeglichene Entwicklung zwischen den Städten und den Regionen: Keine one-way Konzentration: Stärkung der Attraktivität der anderen Städte
- Erfolgreiche Entwicklung der Regionen durch Verbesserung der Lebensverhältnisse (Arbeit, Bildung
- Veränderung der ländlichen Bevölkerungsentwicklung
- Beseitigung der Umweltschäden
- Bessere Vernetzung der Gemeinden untereinander

5. Die wichtigsten EU-Förderprogramme für der Regionalentwicklung in den baltischen Staaten

Um die baltischen Staaten auf die EU-Mitgliedschaft vorzubereiten wurde insgesamt im Zuge der EU-Osterweiterung die Förderpolitik in der „AGENDA 2000" den neuen Herausforderungen angepasst. Davon profitierten die baltischen Staaten, die mit Heranführungshilfe der EU die Beitrittsvoraussetzungen leichter erfüllen konnten. Dies bedeutet, dass durch Kohäsionsfonds und Förderinitiativen auch die Regionalentwicklung in den baltischen Staaten bis heute effektiver vorangetrieben werden konnte.

Zuerst soll erklärt werden, welche Initiativen und Fonds im Rahmen der komplexen Struktur in der EU-Förderpolitik für die baltischen Staaten von Bedeutung sind.

Projektbeispiele aus einzelnen Regionen und von Initiativen wie der NRDA können daraufhin verdeutlichen, wie die Programme eingesetzt werden.

Um die baltischen Staaten in ihren Bemühungen zum Beitritt in die EU zu unterstützen wurden Heranführungshilfen entwickelt, die aus Gemeinschaftsfonds finanziert werden. Nach dem Beitritt der baltischen Staaten im Mai 2004 wechselten die Heranführungshilfen in weiterführende Strukturhilfen der EU.[24] Diese Unterstützungen haben folgende drei Ziele: Entwicklung der Regionen mit Entwicklungsrückstand, wirtschaftliche und soziale Umstellung der Gebiet mit strukturellen Schwierigkeiten und Entwicklung der Humanressourcen.

A) Finanzielle Heranführungshilfen:

- **PHARE** (*Poland and Hungary Action for Restructuring the Economy*):
  Das Länder, die das Programm in seinem Namen hat, waren ab 1989 die ersten, die von dieser finanziellen Hilfe profitieren konnten. Das Programm wurde bis heute auf 13 Staaten Mittel- und Osteuropas ausgeweitet. Das Hauptziel dieses Programms ist, diesen Ländern beim Übergang in die Demokratie und die Marktwirtschaft zu helfen, indem institutionelle und administrative Kapazitäten gestärkt werden. Hinzu kommt die Förderung des wirtschaftlichen und sozialen Zusammenhalt halt durch Maßnahmen in den Beriechen Umwelt und Verkehr.[25] Das Programm wird durch die nationale Regierung verwaltet.

Ab dem Jahr 2000 wurden folgende Herführungsinstrumente unterstützend zu PHARE hinzugefügt:

- **ISPA** (*Instrument Structural Pour l'Adhésion*):

---

[24] Tätigkeitsbereiche der Europäischen Union:
http://www.europarl.europa.eu/meetdocs/committees/budg/20030218/Init_de.pdf (05.01.09)
[25] Die brandenburgisch-polnische Website für Städtekooperationen:
http://www.forum-grenzstaedte.net/de/files/Heranfuehrungshilfen.pdf

Das strukturpolitische Instrument dient der Finanzierung von großen Infrastrukturprojekten in dne Bereichen Verkehr und Umwelt.[26]

- SAPARD (*Special accession programm for agriculture and rural development*):
Ein Sonderprogramm mit finanzierten Maßnahmen und Projekten zur Vorbereitung auf den Beitritt in den Bereichen Landwirtschaft und ländliche Entwicklung.[27]

Beispiel für jährlichen Finanzrahmen der einzelnen Staaten des Baltikums(2002):

	PHARE	ISPA	SAPARD
Estland	33,4 Mio.	21,1 – 37,1 Mio.	12,7 Mio.
Lettland	35 Mio.	38,1 - 59,9 Mio.	22,9 Mio.
Litauen	61,5 Mio.	44 – 65 Mio.	31,3 Mio.
[28]			

B) Gemeinschaftsinitiativen:

Die Gemeinschaftsinitiativen dienen als Förderprogramm zur „Durchführung und Maßnahmen mit besonderen Interessen für die Gemeinschaft".[29] Es sind spezifischere strukturpolitische Instrumente. Folgende Kriterien treffen auf die Gemeinschaftsinitiativen zu: Sie fördern transnationale, grenzübergreifende und interregionale Zusammenarbeit, Bottum-up-Druchsetzungskonzepte von Kommunen und die Verwirklichung dieser Pläne vor Ort.

Aufgabenbereiche der Gemeinschaftsinitiativen im Zeitraum von 2000-2006:

- INTERREG III:

---

[26] Die brandenburgisch-polnische Website für Städtekooperationen:
http://www.forum-grenzstaedte.net/de/files/Heranfuehrungshilfen.pdf
[27] SCHÄFER,N: Augsburg/Kaiserslautern (2003), S.172
[28] Daten von der Homepage„Tätigkeitsbereiche der Europäischen Union":
http://europa.eu/scadplus/leg/de/lvb/e40104.htm,
http://europa.eu/scadplus/leg/de/lvb/e40105.htm,
http://europa.eu/scadplus/leg/de/lvb/e40102.htm (07.01.09)
[29] SCHÄFER,N: Augsburg/Kaiserslautern (2003), S.77

Die allgemeine Aufgabe von INTERREG ist dafür zu sorgen, dass nationale Grenzen kein Hindernis für eine ausgewogene Entwicklung und Integration des europäischen Raumes sind.[30] Das komplexere Programm INTERREG III soll durch grenzüberschreitender, transnationaler und interregionaler Zusammenarbeit den wirtschaftlichen und sozialen Zusammenhalt in der Europäischen Union stärken.[31] Es gibt drei verschiedene Förderbereiche:

- o Förderbereich A für die grenzübergreifende Arbeit zwischen benachbarten Regionen[32]
- o Förderbereich B für transnationale Zusammenarbeit zwischen nationalen, regionalen und lokalen Behörden[33]
- o Förderbereich C für interregionale Zusammenarbeit und Aufbau von Netzwerken

- **URBAN**:
Programm zur nachhaltigen Städteentwicklung, inbesondere für benachteiligte Stadtgebiete

- **EQUAL:**
Transnationale Initiative für Maßnahmen gegen Diskriminierung und Ungleichheiten bei der Arbeitssuche oder am Arbeitplatz

- **LEADER+** (**L**iaison **E**ntre **A**ctions de **D**éveloppment de l'**É**conomie **R**ural):
Programm, dass zur ländlichen Entwicklung über lokale Aktionsgruppen beiträgt.[34]

---

[30] SCHÄFER,N: Augsburg/Kaiserslautern (2003), S.117
[31] SCHÄFER,N: Augsburg/Kaiserslautern (2003), S.152
[32] Haushaltsmäßige Abwicklung der Gemeinschaftsinitiativen
INTERREG III, URBAN II, EQUAL und LEADER + 2000 – 2002
http://www.europarl.europa.eu/meetdocs/committees/budg/20030218/Init_de.pdf, S.2
[33] Haushaltsmäßige Abwicklung der Gemeinschaftsinitiativen
INTERREG III, URBAN II, EQUAL und LEADER + 2000 – 2002
http://www.europarl.europa.eu/meetdocs/committees/budg/20030218/Init_de.pdf, S.2
[34] SCHÄFER,N: Augsburg/Kaiserslautern (2003), S.88

6.Beispiele für Regionalentwicklungsprojekte

A) Die Planregion Latgale und das „Baltic-Lakes"-Projekt

Latgale ist eine kulturhistorische Region im Osten Lettlands. Im Zuge des „Konzepts der regionalen Entwicklungspolitik Lettlands" wurden erstmals wurden Regionen nach ihren Entwicklungsprobleme benannt.[35] Daraus entstanden Planungseinheiten, die so genannten Planungsregionen, für die Entwicklungspläne ausgearbeitet wurden. Dieses System der Planungsregionen gilt allerdings nur für 5 Gebiete Lettlands. Sie werden dem „ Ministry of Regional Developement and Local Gouvernment" Lettlands zugeordnet:

Die Planungsregion Lategale wurde im August 2006 gegründet und zeigt vorbildlich wie die Handlungsmöglichkeiten einer Planungsregion ausgeschöpft werden können. Im Gesetz für Regionalentwicklung von Latgale setzt sie sich zum Ziel Regionalentwicklung zu koordinieren und mit dem Gemeinden- und Staatsverwaltungen zu kooperieren.[36]

Daten zur Planungsregion Latgale:

- Anzahl der Regionen: 6 (Balvi, Daugavpils, Kraslava, Ludza, Preili und Rekzeme)
- Anzahl der Gemeinden: 145
- Größe: 22, 52% von der Größe Lettlands
- Einwohner: 394 058 (16% der Bewohner Lettlands)

Abb 3: Die Region Latgale

Quelle: img.latgale.lv/ images/medium/m-96.jpg

---

[35] Melluma.A et al.: Geographische Rundschau (1999), Band 51, Heft Nr. 4, S.190
[36] Region Latgale: http://www.latgale.lv/en/padome

Eines der drei vorgestellten Projekte auf der Internetseite der Region Latgales verfolgt das Ziel, die Tourismusbranche in Kooperation mit der Nachbarregion Litauens Rytu Aukstaitija (INTERREG III B) unter dem Motto „ **Baltic Country of Lakes**" offensiv zu vergrößern. Der Projektzeitraum belief sich von Dezember 2005 bis November 2007. An dem Projekt beteiligte sich mit kapp 450 000 Euro der Europäische Regionalentwicklungsfonds (ERAF) und mit knapp 150 000 Euro jeweils die Nationen Litauen und Lettland.[37]

Als bisheriges Resultat lässt sich beispielsweise ein gemeinsames Informationssystem in Form von erstellten Internetseiten (www.latgale.lv, www.ezerukrastas.lt, www.balticlakes.com) vorweisen, die den Erholungsort für Touristen vorstellen. Dazu finanzierte man in Schulungen für den touristischen Dienstleistungssektor der beiden Länder, Werbung (Broschüren, Werbebanner, TV-Spots) , Teilnahme an Messen, Studien über die Infrastruktur und die Wasserqualität der Seen und man entwickelte ein zukünftige Entwicklungsstrategie bis zum Jahr 2013.

Abb. 4 : Die Regionenkooperation Latgale / Rytu Aukstaitija Quelle: http://www.latgale.lv/en/lraa/data_base/jauna_turisma_rad/research

B) Das Astra-Projekt

Unabhängig von den Planungsregionen konnte mit INTERREG III B und einem Budget von 2,2 Millionen Euro eine Studie über die zukünftigen klimatischen Veränderungen in den baltischen Regionen erstellen. Mit ermittelten Anpassungsstrategien soll gewährleistet werden, dass wirtschaftlich Verluste durch

---

[37] Planungsregion Latgale: Project "Creating New Tourist Destination By Joining Two Border Regions in Latgale – Rytu Aukstaitija
http://www.latgale.lv/en/lraa/data_base/jauna_turisma_rad

bevorstehende Naturkatastrophen (wie Überschwemmungen) vermindert oder auch verhindert werden können. [38]

Das Projekt wurde in Kooperation mit dem *„Geological Survey of Finland"* betrieben, dessen Laufzeit sich von Juni 2005 bis Dezember 2007 andauerte.

Das letzte vorgestellte Programm zeigt auf, dass es wichtig ist sich mit zukünftigen Einflussfaktoren in die Regionalentwicklung zu beschäftigen um andere Projekte wie das „Baltic Country of Lakes" – Projekt nachhaltig abzusichern.

7. Fazit

Der „Tiger der baltischen Staaten" hat nach Anlaufsschwierigkeiten und mit der Hilfe der EU im Bereich der regionalen Entwicklung erste Erfolge erzielen können, bzw. seine Ziele immer konkretisieren können.

Trotz der verwirrend vielen Entwicklungsprogrammen und Fonds der EU wird klar, dass diese Unterstützung für die baltischen Staaten im Moment noch unerlässlich ist. Durch die Ereignisse der neuesten Zeit muss man allerdings die beschriebenen Fortschritte der baltischen Staaten wohl relativieren. Die Finanzkrise stürzte nicht nur Ungarn und Island in die Nähe des Staatsbankrotts, sondern seit Dezember auch Lettland. Ein Notkredit der EU soll den neuen Mitgliedern nun aushelfen. Aber diese Meldungen verdeutlichen eines: Nicht alles was in den letzten Jahren die Wirtschaft und die Konjunktur Lettlands beflügelt hat stand auf „sicheren" Beinen. Die Euphorie der schnellen Entwicklung führte zu einem Leben über den Verhältnissen.[39]

Man wird wohl sehen müssen, wie erfolgreich tatsächlich ein Projekt wie das „Baltic Country of Lakes" letztendlich in der Zukunft sein wird. Der Tourismus kann ein rückständiges Gebiet nicht entwickeln, wenn dafür die Besucher trotz Strategien und Studien ausbleiben.

Zuletzt sollte noch erwähnt werden, dass es bis heute schwierig ist fundierte Daten und Literatur über die baltischen Staaten zu bekommen. Sie sind trotz des

---

[38] Astra-Projekt: http://www.astra-project.org/

[39] Klein M. A.: Konrad-Adenauer-Stiftung e.V/Auslandsbüro Lettland: Lettland steht vor dem Staatsbankrot, Riga (2008): www.kas.de

Aufschwungs der letzten Jahre doch immer noch Randerscheinungen der EU, über die in Zukunft die Forschungsthemen wohl nicht so schnell ausgehen werden.

Literatur- und Quellenverweis:

DAUNORA J., Juskeviscius P.: Regionalentwicklung im litauischen Städtesystem unter neuen Bedingungen, In: Zwischen Anpassung und Neuerfindung; Raumplanung und Stadtentwicklung in den Staaten der EU-Osterweiterung; Hrsg: Altrock et al., Planungsrundschau Ausgabe 11, Berlin (2005)

KNAPPE, E., Sünnemann A., Zommere M.: Bereit für die Europäische Union – Entwicklungsstrategien für Lettlands ländliche Räume, Petermanns Geographische Mitteilungen, A. 148, Klett-Verlag, Gotha (2004)

MELUMMA A., Peneze Z.: Regionalentwicklung und Raumordnung in Lettland, Geographische Rundschau, Band 51, Heft Nr. 4, Seite 188-192, Westermann Verlag, B/raunschweig (1999)

SCHÄFER, N.: Ansätze einer Europäischen Raumentwicklung durch Förderpolitik: das Beispiel INTERREG; In: Schriften zur Raumordnung und Landesplanung, Bd.14, Augsburg/Kaiserslautern (2003)

ELEKTRONISCHE/ INTERNET QUELLEN:

Astra-Projekt:
Webseite: http://www.astra-project.org/
aufgerufen am 11-09-2009

v. Below A.: Konrad-Adenauer-Stiftung e.V/Auslandsbüro Lettland: Estlands Städte und Gemeinden blühen wieder auf, Riga (2004):
http://www.kas.de/proj/home/pub/39/1/year-2004/dokument_id-5081/index.html
aufgerufen am 11-09-2009

v. Below A.: Konrad-Adenauer-Stiftung e.V/Auslandsbüro Lettland: Litauens Kommunalpolitik, Riga (2004): http://www.kas.de/proj/home/pub/79/1/year-2004/dokument_id-5507/index.html
aufgerufen am 11-09-2009

Die brandenburgisch-polnische Website für Städtekooperationen:
Webseite: http://www.forum-grenzstaedte.net/de/files/Heranfuehrungshilfen.pdf
aufgerufen am 11-09-2009

Estonian Regional and Local Development Agency (ERKAS):
Webseite: http://www.erkas.ee/index.php?page=37
aufgerufen am 11-09-2009

Europäisches Parlament: Nachhaltige ländliche Entwicklung
Ausgangslage, Maßnahmen und Empfehlungen zur 5. Erweiterung der Europäischen Union

(AGRI 114 DE - 11/1998)
Link: http://www.europarl.europa.eu/workingpapers/agri/114desum_de.htm

Innenministerium Litauen:
Webseite: http://www.vrm.lt/index.php?id=561&lang=2
aufgerufen am 11-09-2009

Jauhiainen, J.S., Ristkok P.: Development of regional Policy in Estonia:
Webseite: http://www.geo.ut.ee/nbc/paper/jauhiainen.htm
aufgerufen am 11-09-2009

Klein M. A.: Konrad-Adenauer-Stiftung e.V/Auslandsbüro Lettland: Lettland steht
vor dem Staatsbankrot, Riga (2008): www.kas.de
aufgerufen am 11-09-2009

National Regional Development Agency:
Webseite: http://www.nrda.lt/eng/index.htm
aufgerufen am 11-09-2009

Planungsregion Latgale:
Webseite: http://www.latgale.lv/en/padome
aufgerufen am 11-09-2009

**Planungsregion Latgale: Project "Creating New Tourist Destination By Joining
Two Border Regions in Latgale – Rytu Aukstaitija**
Webseite: http://www.latgale.lv/en/lraa/data_base/jauna_turisma_rad
aufgerufen am 11-09-2009

Regional Development Department of the Ministry of Internal Affairs of Estonia:
Essay: Regional developemnt Strategy of Estonia 2005-2015
Webseite/Download des Dokuments: http://www.siseministeerium.ee/31236
aufgerufen am 11-09-2009

State Regional Development Agency of Latvia:
Webseite: www.vraa.gov.lv/uploads/History.doc
aufgerufen am 11-09-2009

Tätigkeitsbereiche der Europäischen Union:
1. Webseite:
http://www.europarl.europa.eu/meetdocs/committees/budg/20030218/Init_de.pdf
aufgerufen am 11-09-2009

2. Haushaltsmäßige Abwicklung der Gemeinschaftsinitiativen
INTERREG III, URBAN II, EQUAL und LEADER +   2000 – 2002
Webseite/Download:
http://www.europarl.europa.eu/meetdocs/committees/budg/20030218/Init_de.pdf
aufgerufen am 11-09-2009

ABBILDUNGEN und TABELLEN:

Abb. 1:   Veränderung der Bevölkerung in den ländl. Regionen Estlands
(Quelle: Ragmaa, 2003, Tartu)

Abb.2:   Tabelle über die 145 unterstützten Projekte Litauens
Quelle: Innenministerium Litauen: http://www.vrm.lt/index.php?id=562&lang=2

Abb.3:   Die Region Latgale
Quelle: img.latgale.lv/ images/medium/m-96.jpg

Abb. 4:   Regionenkooperation Latgale/ Rytu Aukstaitija
Quelle: http://www.latgale.lv/en/lraa/data_base/jauna_turisma_rad/research